植物会拉屁屁吗？（全4册）

植物会拉屁屁吗？

[法]塞巴斯蒂安·佩雷斯 著
[法]安妮洛尔·帕罗 绘 刘牧青 译

中信出版集团 | 北京

图书在版编目（CIP）数据

植物会拉屁屁吗？ /（法）塞巴斯蒂安·佩雷斯著；
（法）安妮洛尔·帕罗绘；刘牧青译. -- 北京：中信出
版社，2023.4
（植物会拉屁屁吗？）
ISBN 978-7-5217-5241-0

Ⅰ.①植… Ⅱ.①塞… ②安… ③刘… Ⅲ.①植物-
儿童读物 Ⅳ.① Q94-49

中国国家版本馆 CIP 数据核字 (2023) 第 023011 号

植物会拉屁屁吗?
（植物会拉屁屁吗？）

著　　者：[法] 塞巴斯蒂安 · 佩雷斯
绘　　者：[法] 安妮洛尔 · 帕罗
译　　者：刘牧青
出版发行：中信出版集团股份有限公司
（北京市朝阳区东三环北路27号嘉铭中心　邮编　100020）
承 印 者：北京启航东方印刷有限公司

开　　本：889mm × 1194mm　1/24　　印　　张：4.67　　字　　数：200 千字
版　　次：2023 年 4 月第 1 版　　印　　次：2023 年 4 月第 1 次印刷　　印　　数：1-17000
京权图字：01-2022-3140
书　　号：ISBN 978-7-5217-5241-0
定　　价：59.00元（全4册）

出　　品：中信儿童书店
图书策划：好奇岛
策划编辑：鲍芳　潘婧　　责任编辑：程凤　　审　　校：史军
营销编辑：张琛　孙雨露　　封面设计：谢佳静　　内文排版：王莹

致我的父母，他们传达给我大自然中的爱。

——塞巴斯蒂安·佩雷斯

致我的小马洛。

——安妮洛尔·帕罗

感谢本杰明在一次偶然中让我们看到生活的光彩。

——安妮洛尔·帕罗和塞巴斯蒂安·佩雷斯

今天，巴奇尔一整天都待在卡洛特奶奶家。

他今天本该整理自己的房间，

但他更想去花园里找奶奶。

“狗屎！我踩到狗屎啦！”巴奇尔大叫。

“那不是狗的㞎㞎，孩子，那是刺猬的㞎㞎。”

卡洛特奶奶慈祥地笑着说道。

巴奇尔皱起了小眉头，疑惑地问：

“什么？小刺猬也拉屉屉吗？”

卡洛特奶奶耐心地说：

“当然了，孩子，所有的动物都会拉屉屉。”

巴奇尔感到非常惊讶。

所以爸爸、妈妈、好朋友还有学校里的老师都会拉屁屁吗？

巴奇尔简直不敢相信。

他本来以为只有自己，还有他的小狗和妹妹会拉屁屁。

他想要知道更多……

于是，巴奇尔又问道：
“池塘里的青蛙玛丽，
它也会拉屉屉吗？”
“当然！”卡洛特奶奶回答。

“那在我窗户上吹口哨的知更鸟乔治呢？”巴奇尔又问。
“当然！”卡洛特奶奶回答。

巴奇尔指着一只小蜗牛，问：“那这只小蜗牛呢？它也会吗？”
卡洛特奶奶耐心地说：“会呀，孩子！每一只小动物都会。”

巴奇尔挠挠自己的小脑袋，思考了很久很久。

他突然抬起头，兴奋地问道：

“那树呢？

树会不会拉屉屉？”

巴奇尔没有听到奶奶的回答，
于是他转过头叫道：“奶奶？”

奶奶在巴奇尔思考的时候已经悄然进入了梦乡。

于是，巴奇尔决定自己去大橡树下面看一看。

“找到啦！就是它！”

巴奇尔捡起大橡树下面棕色的小圆球，兴奋地喊道。

他骄傲地回到卡洛特奶奶旁边，将棕色的小圆球递给奶奶，说：

“奶奶，我找到树的屁屁啦！”

奶奶倦倦地抬起眼皮，

她看到巴奇尔手里拿的棕色小圆球后连忙解释道：

“哦，不！巴奇尔！这是橡子，是橡树的果实。”

卡洛特奶奶指着远处的一只小松鼠，眨眨眼接着说道，

“瞧！那只小松鼠正瞪大眼睛看我们呢，你拿走了它的午餐！”

巴奇尔听后只好又跑到橡树下面，把橡子放了回去。

“树真的也拉屉屉吗？”他喊道。

“会的，孩子，再仔细找找！”卡洛特奶奶远远地应道。

这一次，巴奇尔不想出错了，所以他捡了很多东西回去。

“是这个吗？”
他将捡到的东西递到卡洛特奶奶面前，
期待地问。
“这……”奶奶摇摇头，说，
“这是树皮，孩子。”

不甘心的巴奇尔开始
一个接着一个地问奶奶
他捡到的那些东西。
“那这个呢？”
“这是蘑菇。”

“这个呢？”
“这是枯叶。”

“这个呢？”
卡洛特奶奶看到巴奇尔手里的
东西，大笑起来，说道：
“这是兔子的屁屁，巴奇尔！”
巴奇尔听了大叫：
“啊！好恶心！”

“好了，巴奇尔，我想你是找不到了，对不对？”

卡洛特奶奶看着巴奇尔用调侃的语气说。

巴奇尔皱起了小眉头，抿着小嘴，有些不甘心地回答道：

“是的。”

“跟我来，孩子。”卡洛特奶奶站起身来，接着说，
“看到那棵无花果了吗？它主要从土壤中获取食物。
像其他树一样，它的根很牢固，它不能走来走去，
当然也不可能去上厕所。”

“那么，它是怎样拉屉屉的呢？像这样吗？”
巴奇尔用他的拇指和食指弹掉一小块鼻屎问道。

“不是的，孩子！树可没有手指。”卡洛特奶奶解释道，
“它们会将一些排泄物保留在自己体内。”
巴奇尔惊讶地尖叫道：“什么?!”

卡洛特奶奶继续解释道：“树借着它们的‘排泄物’生长，

这正是它们能长大的原因，乖孩子。”

天真的巴奇尔又问：“那么，如果我不上厕所的话，

是不是就可以长得和红杉一样高呢？”

卡洛特奶奶听到后大笑：“哈哈哈哈！不是这样的，巴奇尔！

树长得那么高是为了保护自己，

而你需要小小的才能够跑得快呀！”

“唉！可怜的家伙！它一定会肚子疼的。”

巴奇尔一边感叹着一边走向花园里最大的一棵树。

那是一棵美丽的栗树，他抱着树把鼻子凑了上去，用力地闻。

“吸溜——吸溜——”他转过头对奶奶说，

“奶奶！它闻上去没有屁屁的味道呀！”

卡洛特奶奶的

解释

1 干枯的树叶。

2 一片片象征着
树干生长的树皮。

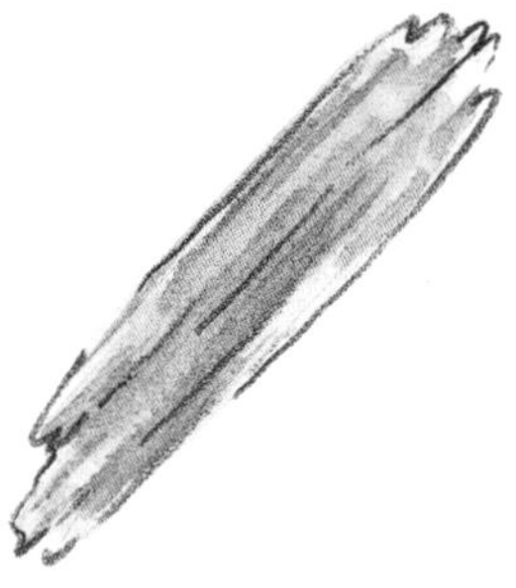

3 果实，像橡子和栗子。
这些果实里有种子——
能长成小树宝宝。

但这不是它们的屁屁！

是的，这令人很惊讶，但像所有的动物一样，树也会拉屉屉，只不过我们使用“排泄物”或“代谢产物”这样的词来表示，意思是一样的!

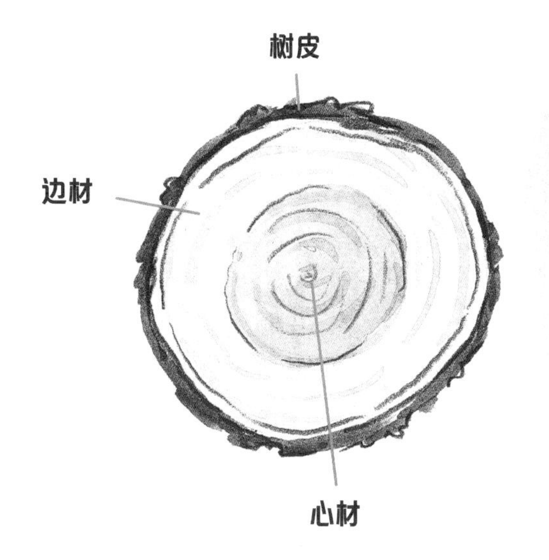

那么是怎样做的呢?

树从土壤中汲取营养，通过吸收来自阳光的能量，进行光合作用，长高、长粗并开花结果。这些过程中就会产生一定的排泄物，也就是那些没有被树“吃掉”的物质。例如树脂、蜜汁等。其中一种叫作“木质素”的物质很是特别。

木质素虽然是一种“排泄物”，但却被树很好地存储了起来。它是树的细胞壁的主要成分之一，填充于纤维素之间，增加树干的强度，在木材中的含量约为20%~30%。正因为有了木质素，树木才变得强壮，能与狂风暴雨等恶劣天气作斗争。

植物会拉屁屁吗？（全4册）

野草也是有用的吗？

［法］塞巴斯蒂安·佩雷斯 著
［法］安妮洛尔·帕罗 绘　刘牧青 译

中信出版集团 | 北京

图书在版编目（CIP）数据

野草也是有用的吗？ /（法）塞巴斯蒂安 · 佩雷斯著；
（法）安妮洛尔 · 帕罗绘；刘牧青译 . -- 北京：中信出
版社，2023.4
（植物会拉屉屉吗？）
ISBN 978-7-5217-5241-0

Ⅰ . ①野… Ⅱ . ①塞… ②安… ③刘… Ⅲ . ①植物 -
儿童读物 Ⅳ . ① Q94-49

中国国家版本馆 CIP 数据核字 (2023) 第 023010 号

野草也是有用的吗？
（植物会拉屉屉吗？）

著　　者：［法］塞巴斯蒂安 · 佩雷斯
绘　　者：［法］安妮洛尔 · 帕罗
译　　者：刘牧青
出版发行：中信出版集团股份有限公司
（北京市朝阳区东三环北路27号嘉铭中心　邮编　100020）
承 印 者：北京启航东方印刷有限公司

开　　本：889mm × 1194mm　1/24　　印　　张：4.67　　字　　数：200 千字
版　　次：2023 年 4 月第 1 版　　印　　次：2023 年 4 月第 1 次印刷　　印　　数：1-17000
京权图字：01-2022-3140
书　　号：ISBN 978-7-5217-5241-0
定　　价：59.00元（全4册）

出　　品：中信儿童书店
图书策划：好奇岛
策划编辑：鲍芳　潘婧　　责任编辑：程凤　　审　　校：史军
营销编辑：张琛　孙雨露　　封面设计：谢佳静　　内文排版：王莹

致卡洛特奶奶的原型弗朗索瓦丝 - 马特。

——塞巴斯蒂安·佩雷斯

致我总是能找到四叶草的妈妈。

——安妮洛尔·帕罗

巴奇尔一直热切期待着今天的到来。

因为卡洛特奶奶让他邀请他的小伙伴朱丽叶来吃午饭。

为了好好表现，巴奇尔特意挑选了一束

美丽的鲜花摆放在花园里的桌子上。

巴奇尔为自己的摆设感到十分骄傲。

他到厨房来找奶奶。

“哇——好香呀！您在做什么好吃的呀，奶奶？”巴奇尔问道。

“是荨麻派，孩子！”

“啊！是讨厌的荨麻！荨麻会刺痛我的舌头！”

奶奶笑着对巴奇尔说：“别担心，孩子！”

“煮熟后的荨麻就像菠菜一样，是甜甜的哟！”卡洛特奶奶说道。

巴奇尔听了皱起眉头，说道：“可是……荨麻是野草呀，奶奶。”

“过来，巴奇尔。你要知道，没有野草这回事儿。”卡洛特奶奶解释道。

什么？没有野草?！巴奇尔惊讶极了，说：

“可是，奶奶，我们的花园里明明有很多呀！”

卡洛特奶奶向巴奇尔伸出了手，问道：

“在哪里呢？带我去看看！”

一到花园，巴奇尔就带着奶奶走到荆棘丛前，问道：

“那不是野草吗？”

卡洛特奶奶摇了摇头。

巴奇尔指着虞美人接着问，奶奶又摇了摇头说道：

“不是的。”

巴奇尔这一次指着蒲公英问道：“难道这也不是野草吗？”

卡洛特奶奶回答：“这是蒲公英，我们可以用它做一份美味的沙拉。”

巴奇尔有点儿懊恼地把手背到身后，说道：

“好了奶奶，别逗我了。您快告诉我吧！”

卡洛特奶奶安抚他说：“别着急，孩子，我会解释的。”

奶奶随后说道：“事实上，我们平时是叫这些植物野草，

但这并不意味着它们不好。它们只不过是生长在野外而已。”

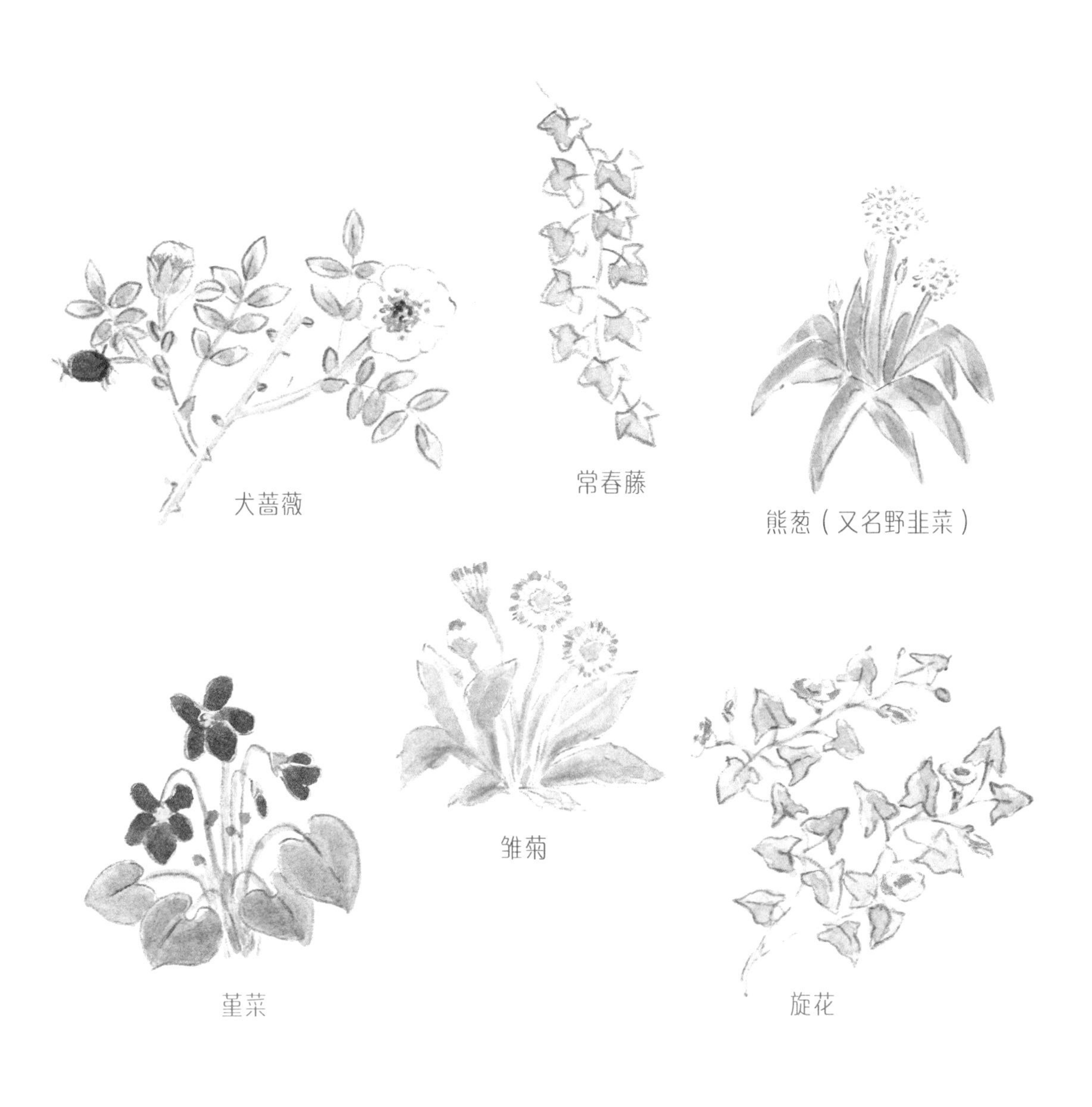

巴奇尔听后嘟起小嘴，问道：“那为什么要这样叫它们呢？”

“那是因为这些草不是人种植的而是自己生长出来的！”

“看到那棵樱桃番茄了吗？”

巴奇尔顺着奶奶手指的方向看去，回答道：

“是我整个夏天都在吃的那棵吗？”

“是的，孩子。”卡洛特奶奶笑着接着说，“应该是去年，一个樱桃番茄果实掉落在那里，于是今年长出了这棵樱桃番茄。

你吃了，它伤害到你了吗，孩子？”

巴奇尔摇了摇头。

“所以，野草并不是坏东西，也不会做坏事，对吗，奶奶？”

巴奇尔问道。

“当然不会，孩子。”卡洛特奶奶回答。

不过，巴奇尔还有一个问题，他怎么也想不明白。

“如果野草并不坏，那我们为什么要把它们拔掉呢？”

“因为有些园丁希望他们的花园看上去是整整齐齐的。”

卡洛特奶奶说道。

“那是什么意思？”

“园丁喜欢用耙子将野草耙掉，将土地都耙得平平的，让花园看上去更整洁。但是他们忘了这些野草也是花园中的一分子，它们也在花园中发挥着自己的作用！”

卡洛特奶奶耐心地对巴奇尔解释道，“来看这里，巴奇尔！”

卡洛特奶奶走到一株海棠花前蹲下，她用手扒开旁边的野草，

对巴奇尔说：“看！”

巴奇尔弯下腰，把鼻子伸进草丛里。

“啊！有虫子！”巴奇尔突然叫道。

卡洛特奶奶对他说：

“这个草丛里有一个完整的小小世界。如果我们把野草除掉，

这些小家伙儿没了家园或庇护所，那么它们能去哪里呢？”

巴奇尔耸了耸肩。

卡洛特奶奶告诉他："也许这些小家伙儿会跑到蔬菜里面去，从而把蔬菜弄坏。"

巴奇尔一边摘樱桃番茄一边听奶奶说。

“看那个玫瑰花坛，它很美，对吗？”

巴奇尔点点头。

奶奶接着说：“但是很多年前我刚来这里时，

那片土地又干又松散，什么都不生长。”

巴奇尔听到这儿有了兴趣，

忙问道：“那您当时是怎么做的，奶奶？”

卡洛特奶奶笑着说：“我什么都没有做！让一切顺其自然。

随着时间的推移，那片土地上长出了一片野草，

渐渐地，它们让土壤变得有活力了。

后来，那片土壤越来越肥沃，我就在那里种上了这些美丽的花。”

巴奇尔听完兴奋地问道：

“所以说，如果没有野草，我们也就看不到这些美丽的花了吗？”

“是的！”

卡洛特奶奶接着补充道：

“其实每一种植物最初都是野生的，

只不过是人们选择了其中的一些来培育。

就像你的小狗未经驯化之前和狼是同类，狼是野生动物，

但野生动物也不是坏动物。”

巴奇尔紧紧地抱住他的小狗狗。

卡洛特奶奶一边摘下一些堇菜煮茶，一边继续补充道：

“很久以前，就连我们花园里美味的胡萝卜都是野生的。”

“那棵大栗树呢，奶奶？它最初是野生的还是被种植的呢？”

巴奇尔问道。

“我不知道，巴奇尔，它在我来这儿之前就已经存在很久了。”

巴奇尔惊讶地问道：“它有那么老了吗？”

听到这话的卡洛特奶奶非但没觉得被冒犯，反而为巴奇尔的天真大笑了起来。

“那我呢？我是什么呢？”巴奇尔问道。

卡洛特奶奶上前抱住巴奇尔，对他说：

“你呀，你是我亲爱的小野人……”

叮咚！

“哇！是朱丽叶！”巴奇尔大喊着冲向了大门口。

“奶奶给我们做了丰盛的午餐，里面有荨麻和蒲公英。”

巴奇尔边开门边激动地对朱丽叶说。

“可是……它们是野草呀！”

朱丽叶咧开嘴露出两颗可爱的小虎牙，笑着说道。

巴奇尔向他的好朋友伸出手，说：

“来吧朱丽叶，你要知道，没有野草这回事儿，

别担心，我会给你解释的！”

卡洛特奶奶的

解释

什么是野草?

野草是没有受到过人类干预，在野外自然而生的草。

通常我们也称之为杂草或野生植物。

野草真的不好吗?

不是的，它们也是大有用处的。

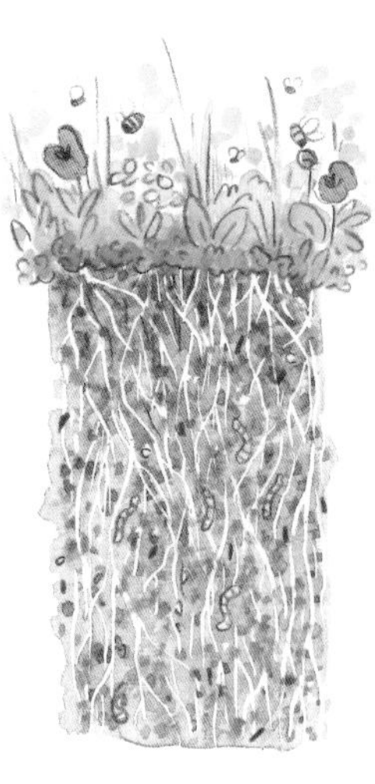

1. 为昆虫等一些小动物提供庇护所。
2. 保护土壤，防止水土流失，让土壤免受风蚀等。
3. 腐烂后为土壤提供肥料，为其他植物的生长提供帮助。
4. 有一些野草还有药用价值。

我们一定要铲除它们吗?

当然不是!
野草为生物多样性做出了贡献。在一个花园中，不同的植物种类越多，这些植物对各类灾害的抵抗力就越强。

稻秆和麦秸

如果野草太多了呢?

我们可以将稻秆和麦秸切碎盖在野草上抑制其生长。野草没有了阳光照射就会枯萎，而这些枯萎的野草腐烂后则可以为土壤提供养分。

植物会拉屁屁吗？（全4册）

植物能生小宝宝吗？

[法]塞巴斯蒂安·佩雷斯 著
[法]安妮洛尔·帕罗 绘　刘牧青 译

中信出版集团 | 北京

图书在版编目（CIP）数据

植物能生小宝宝吗？/（法）塞巴斯蒂安·佩雷斯著；（法）安妮洛尔·帕罗绘；刘牧青译．-- 北京：中信出版社，2023.4
（植物会拉屁屁吗？）
ISBN 978-7-5217-5241-0

Ⅰ．①植… Ⅱ．①塞… ②安… ③刘… Ⅲ．①植物－儿童读物 Ⅳ．① Q94-49

中国国家版本馆 CIP 数据核字 (2023) 第 023009 号

植物能生小宝宝吗？
（植物会拉屁屁吗？）

著　　者：［法］塞巴斯蒂安·佩雷斯
绘　　者：［法］安妮洛尔·帕罗
译　　者：刘牧青
出版发行：中信出版集团股份有限公司
（北京市朝阳区东三环北路27号嘉铭中心　邮编　100020）
承 印 者：北京启航东方印刷有限公司

开　　本：889mm × 1194mm　1/24　　印　　张：4.67　　字　　数：200 千字
版　　次：2023 年 4 月第 1 版　　印　　次：2023 年 4 月第 1 次印刷　　印　　数：1-17000
京权图字：01-2022-3140
书　　号：ISBN 978-7-5217-5241-0
定　　价：59.00元（全4册）

出　　品：中信儿童书店
图书策划：好奇岛
策划编辑：鲍芳　潘婧　　责任编辑：程凤　　审　　校：史军
营销编辑：张琛　孙雨露　　封面设计：谢佳静　　内文排版：王莹

致播种方面的专家我的哥哥欧里文。

——塞巴斯蒂安·佩雷斯

致乔！

——安妮洛尔·帕罗

这一天，巴奇尔和他的小狗彼得在院子里玩儿了一小时的球，
口干舌燥的他跑到厨房倒了一大杯柠檬水，也给彼得的小碗里装满了水，
他们一起咕咚咕咚地喝了起来。
“奶奶？”他喊道。

没有回应。

透过厨房的窗户，他看到奶奶在花园里忙着什么。

他赶忙向花园跑去。

到了花园，巴奇尔看见卡洛特奶奶正跪在菜地里，低头看着什么。

卡洛特奶奶看到巴奇尔，伸出手说道：

“哦，你来了孩子，来得正好，快，扶我起来！”

巴奇尔一边伸手扶奶奶，一边问道：“您在做什么呢，奶奶？”

卡洛特奶奶指着面前的一块空地说：“我在种豆子。”

巴奇尔看着奶奶面前空空如也的这块地，不禁奇怪：

“咦？可是这里什么都没有呀。”

“是的，现在什么都没有，

可是不久后，这里就会长出植物宝宝了！”

水井
黑豆

“什么？您知道怎么做植物宝宝吗？”巴奇尔惊讶地问道。

“是的，孩子，你看！”卡洛特奶奶边说边拿起几颗种子。

卡洛特奶奶用手指在地上戳出一个小洞，把种子放了进去，

然后用土将种子盖上并填满小洞。

“你看，非常简单，就像这样。剩下的就是要定期给它浇水啦！”

“那要多久小宝宝才会出生呢？”巴奇尔皱起小眉头问道。

奶奶说：“要有耐心呀，孩子！

通常它只需要几天就会发芽。”

“那它会长成大樱桃树那样吗？”

巴奇尔指着花园里那棵结满樱桃的粗壮的樱桃树问道。

“哈哈哈，不会的，孩子，”卡洛特奶奶笑着回答，

“它会长出豆子，每一种植物都有自己的种子。

跟我来！”

卡洛特奶奶带着巴奇尔来到温室，从架子上拿起一个罐子。

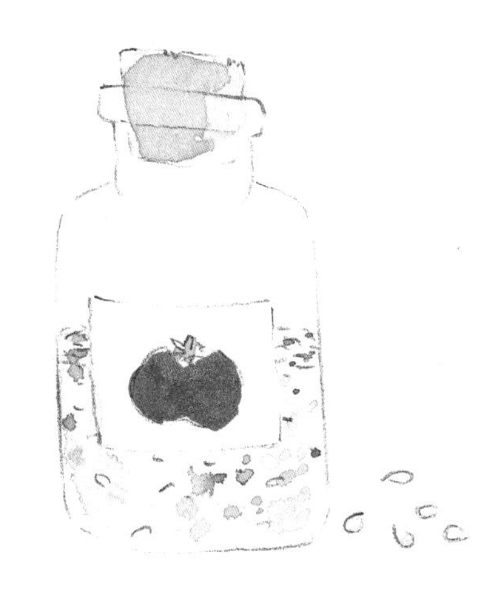

“看！这里面是番茄的种子。”

“那这里面是什么呀？”
巴尔奇指着架子上的另一个罐子问道。
“那是西葫芦。”奶奶回答道。

“这个呢？”
“是旱金莲。”

“您是从超市里买的这些种子吗？”巴尔奇问。

“不是呀！”卡洛特奶奶眨眨眼，有点得意地说，

“这些种子都来自我们的花园。”

“真的吗？”巴奇尔听到后睁大了眼睛。

卡洛特奶奶解释道，
这些种子都是她从花园里的蔬菜和水果中找到的。
“去年夏天，在蔬菜和水果都成熟时，我小心翼翼地把种子取出来，
然后晒干保存起来。”
“哦！”巴奇尔恍然大悟。
“你想试试吗，孩子？”卡洛特奶奶问道。

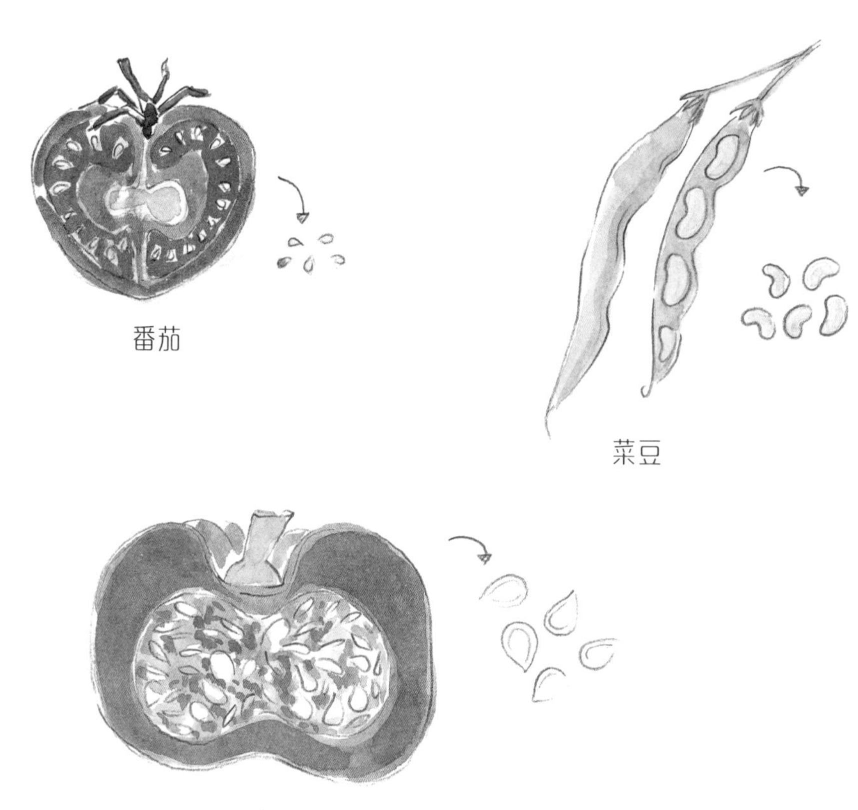

“想！想！想！”巴奇尔兴奋地拍着小手大声回答。

“那你想先看哪种植物宝宝出生呢？”卡洛特奶奶问。

“我想……”

巴奇尔挠着小脑袋想了很久，

说：“呃……美丽的向日葵宝宝吧！”

“那么，我们开始吧！”

卡洛特奶奶取出一个装满土的花盆。

巴奇尔学着奶奶的样子仔细地用他的小手指在花盆里戳出一个小洞，把葵花籽塞进去，再用周围的土把洞填满。

“真棒！”卡洛特奶奶夸奖他，

“这才是第一个，再来一次吧，这一次你想种什么？”

巴奇尔思考了一会儿，说：

“一株草莓！可是，我好像没有看到草莓种子。”

他有些发愁，噘起了小嘴巴。

“没事儿，孩子，”卡洛特奶奶说，

“因为我们有更简单的办法得到一小片草莓田哟！”

卡洛特奶奶拉着巴奇尔的小手，带他走出温室，来到一片草莓边儿上。

“看到那根从草莓身上新长出的细长的小茎了吗？”

卡洛特奶奶指着草莓丛问巴奇尔。

“它的上面有些小叶子，看那叶子下面是什么呢？”

卡洛特奶奶接着问。

“是根。”男孩回答道。

“没错儿！事实上，我们只需要剪下这根茎，种到其他地方，你就能收获一株小草莓了。”

“这简直棒极了！”巴奇尔喜不自禁。

卡洛特奶奶接着解释：“这种方法叫作‘压条繁殖法’。”

“压什么？”

卡洛特奶奶笑了，说：

“还有第三种繁植方法，叫作扦插。”

巴奇尔有点儿烦躁，在地上跺着小脚，对卡洛特奶奶说：

“奶奶，别再说这些复杂的词了！”

卡洛特奶奶把巴奇尔抱在怀里，告诉他：

“别急，孩子，这些词只是听起来复杂，实际上却很简单。”

“看这些美丽的薰衣草，我就是剪下它们的枝，
扎进土里……”卡洛特奶奶跟巴奇尔描述她种植时的步骤。
“这样就可以了？”巴奇尔问。
“当然，孩子，我还需要给它们浇水，照顾它们，
直到它们成为植物宝宝。”
听到这儿，巴奇尔又问道：
“奶奶，您剪下它们的枝不会伤害到它们吗？”
“哦，不会的，孩子！这就跟你去找理发师剪头发差不多！”
说着，卡洛特奶奶笑了起来。

巴奇尔的一双大眼睛里泛着光，他连忙问奶奶：

“也就是说，用我的头发这样去做的话，

我就能有个小兄弟了吗?！”

“哈哈哈哈！”卡洛特奶奶大笑着解释，

“这可行不通，孩子，只有植物才能这样，

比如说葡萄和康乃馨。”

“你想和我一起种下所有种子吗？”

卡洛特奶奶和巴奇尔回到了温室里。

“想！我想！奶奶！”

巴奇尔立刻回答了奶奶，并主动在温室里的小工作台旁边坐下。

“那么，就从你想要的植物开始吧，孩子。”

巴奇尔一个个仔细地看这些罐子，突然，他的眼睛亮了起来。

“奶奶，那个！”

巴奇尔指着其中一个上面写着“巴奇尔种子”的罐子，问奶奶：

“那是爸爸放的吗？我也是种出来的吗？”

“哦，不……不是的，你并不是这样出生的，孩子。”

卡洛特奶奶笑着回答道。

“那是怎样的呢？”

“啊……这个问题你最好问爸爸妈妈……”

卡洛特奶奶的
解释

种植物宝宝就像一个简单的游戏！

我们只需要在土地里播种一颗种子，给它浇上一点水，几天之内，它就会长出嫩芽了。

优质的土

一个底部有洞的花盆

把种子放进用土做的小床上，再盖上土做的被子，接着用水去灌溉它。

几天后，它就会发芽长高。

当然，还有其他的方法来培育植物宝宝，如压条和扦插。
有些植物的枝条与土壤接触能长出根系来。

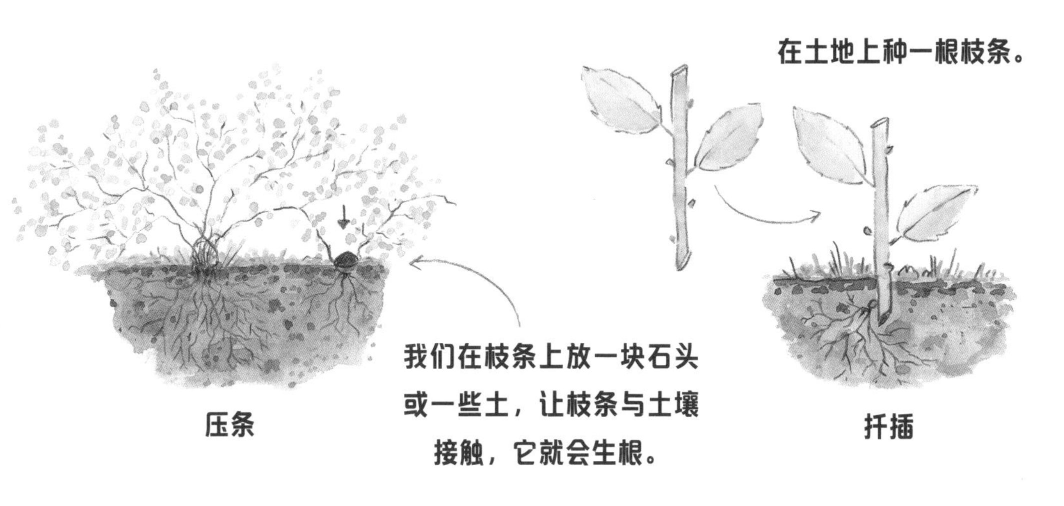

这属于无性繁殖。这样所创造出的植物宝宝与它们的母亲是完全相同的。

种子来自哪里呢?

有性繁殖产生种子。当一朵花的花粉落到另一朵花的雌蕊上时，就会形成种子。接着，它会落到地上或是被园丁播种，然后发芽长大。

植物会拉屁屁吗？（全 4 册）

花儿懂得相亲相爱吗？

［法］塞巴斯蒂安·佩雷斯 著

［法］安妮洛尔·帕罗 绘　刘牧青 译

中信出版集团 | 北京

图书在版编目（CIP）数据

花儿懂得相亲相爱吗？ /（法）塞巴斯蒂安·佩雷斯著；（法）安妮洛尔·帕罗绘；刘牧青译. -- 北京：中信出版社，2023.4
（植物会拉屁屁吗？）
ISBN 978-7-5217-5241-0

Ⅰ. ①花… Ⅱ. ①塞… ②安… ③刘… Ⅲ. ①植物-儿童读物 Ⅳ. ① Q94-49

中国国家版本馆 CIP 数据核字 (2023) 第 023118 号

花儿懂得相亲相爱吗？
（植物会拉屁屁吗？）

著　者：［法］塞巴斯蒂安·佩雷斯
绘　者：［法］安妮洛尔·帕罗
译　者：刘牧青
出版发行：中信出版集团股份有限公司
（北京市朝阳区东三环北路27号嘉铭中心　邮编　100020）
承 印 者：北京启航东方印刷有限公司

开　本：889mm × 1194mm　1/24　印　张：4.67　字　数：200 千字
版　次：2023 年 4 月第 1 版　印　次：2023 年 4 月第 1 次印刷　印　数：1-17000
京权图字：01-2022-3140
书　号：ISBN 978-7-5217-5241-0
定　价：59.00元（全4册）

出　品：中信儿童书店
图书策划：好奇岛
策划编辑：鲍芳　潘婧　责任编辑：程凤　审　校：史军
营销编辑：张琛　孙雨露　封面设计：谢佳静　内文排版：王莹

致我的灵感来源——一朵小花。

——塞巴斯蒂安·佩雷斯

致我最爱的花——玫瑰和鸢尾。

——安妮洛尔·帕罗

今天早上，巴奇尔打开房间的窗子，

看着窗外的景象，他简直不敢相信自己的眼睛。

他大声喊道：“奶奶！下雪啦！”

然而，仔细看看，这场“雪”好奇怪呀。

巴奇尔兴奋极了，匆匆忙忙地走下楼梯，

一溜烟儿地跑到花园里找到奶奶。

花园里的一切都摇身一变，成了金闪闪的样子。桌子、椅子、烧烤架，

甚至连那辆破旧的老自行车也不例外，全部都是金黄色的。

卡洛特奶奶看着巴奇尔那一副不可思议的小模样解释道：

“这可不是雪，孩子。”

“那这是什么？难道是油漆吗？”

“当然不是！”

“那我猜一定是用玉米做成的粉末！”巴奇尔兴奋地说。

卡洛特奶奶摇摇头说道：“也不是，这是爱的礼物。”

巴奇尔瞪大了眼睛，惊讶地问奶奶：

“爱的礼物？就是这些爱的礼物让人们相亲相爱的吗？”

“哦，差不多是这样，孩子，但是它们并不能让我们相亲相爱哟。”

卡洛特奶奶顽皮地眨眨眼，接着说道，“这反而会让我们打喷嚏！”

正说着，奶奶就打了一个大喷嚏：

“阿嚏！”

巴奇尔接着问：“那这些爱的礼物会让谁相亲相爱呢？”

“植物！”卡洛特奶奶回答道，

“是植物将这些爱的礼物散播到空气中的，

我们管这些金黄色的小颗粒叫‘花粉’。”

“什么？植物也会相亲相爱吗？”

巴奇尔惊讶极了，以至于声音都大了好多。

“是呀，孩子！”卡洛特奶奶指着一朵盛开的花儿对他说，

“看，之所以有这朵美丽的郁金香，

是因为另外两朵郁金香相爱了。”

“就像爸爸和妈妈那样吗？”巴奇尔若有所思地问道，

“所以相亲相爱的植物之间也会相互亲吻对方吗？”

卡洛特奶奶笑了，她摸了摸巴奇尔的小脑袋，

说：“不是这样的，孩子。

春天时，一朵郁金香释放出的花粉，

落到另一朵郁金香上，就能孕育出一粒郁金香种子。

这粒种子将来会变成一朵小郁金香。

植物之间是这样相亲相爱的！”

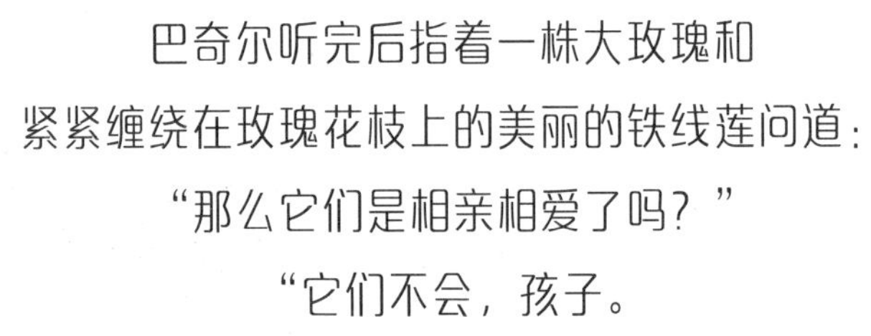

巴奇尔听完后指着一株大玫瑰和
紧紧缠绕在玫瑰花枝上的美丽的铁线莲问道：
“那么它们是相亲相爱了吗？”
“它们不会，孩子。
因为它们不是同一个物种。”卡洛特奶奶说道。
巴奇尔却不太理解，他疑惑地追问奶奶：“那又有什么关系呢？”
卡洛特奶奶笑了笑，开玩笑地继续解释道：
“那就像是你爱上了一头大象。
花只接受与自己相同品种的花儿传播的花粉。”

巴奇尔叹了口气，遗憾又疑惑地问奶奶：

“那可怜的大玫瑰是我们花园里唯一的一株，

所以它在这儿永远永远也找不到相亲相爱的伴儿了？”

卡洛特奶奶带巴奇尔来到花园的栅栏门这儿，眨眨眼对他说：
“你看那边，我们邻居家的花园里还有一株美丽的大玫瑰。”
巴奇尔顺着奶奶手指的方向望去：
“它会喜欢我们的大玫瑰吗？”
“也许会的，孩子！”卡洛特奶奶微笑着回答。

巴奇尔挠了挠头。

“可是…… 它们至少隔了‘三千公里’呢！”

他边说边张开双臂比画着。

“没错儿，它们确实不算是邻居。”奶奶笑着说。

“啊！我有一个好主意！”巴奇尔惊喜地抬起头说道，
“如果我们能够剪下他们花园里的玫瑰花放到我们家花园里的话……”
巴奇尔的话还没说完，卡洛特奶奶就摇了摇头。
“哦！不不，孩子，我觉得我们的邻居是不会同意的。”
卡洛特奶奶接着说，“不过别担心，其实植物并不需要我们的帮助。”
巴奇尔感到奇怪极了，连忙问道：“那它们是怎么做到离得那么远
还能够相亲相爱的呢？难道它们和我一样，有一把弹弓？”

卡洛特奶奶摇摇头否认了巴奇尔的说法。

“那它们是把花粉邮寄给对方吗？”巴奇尔问道。

“不，不是的。”

“难道它们会移动？”

“不，当然不会。”

卡洛特奶奶调皮地眨眨眼对巴奇尔说道：

“好了，孩子，别猜了，奶奶告诉你这是怎么回事。”

巴奇尔叹了口气。他不喜欢奶奶这样逗弄自己。

奶奶开始解释道：

“是风或者蜜蜂等昆虫将花粉从一朵花那儿带给另一朵花的。”

“哦，是这样…… 可是，它们为什么呢？”巴奇尔还是不太明白。

“听我说，孩子，蜜蜂以花朵里的花蜜为食，

而花儿正好利用这个机会将花粉沾在蜜蜂的身上。”

巴奇尔恍然大悟。

“您是说，花儿是悄悄地这么做的吗?！”

“是的！”卡洛特奶奶笑着继续说道，

“蜜蜂甚至自己都不知道！”

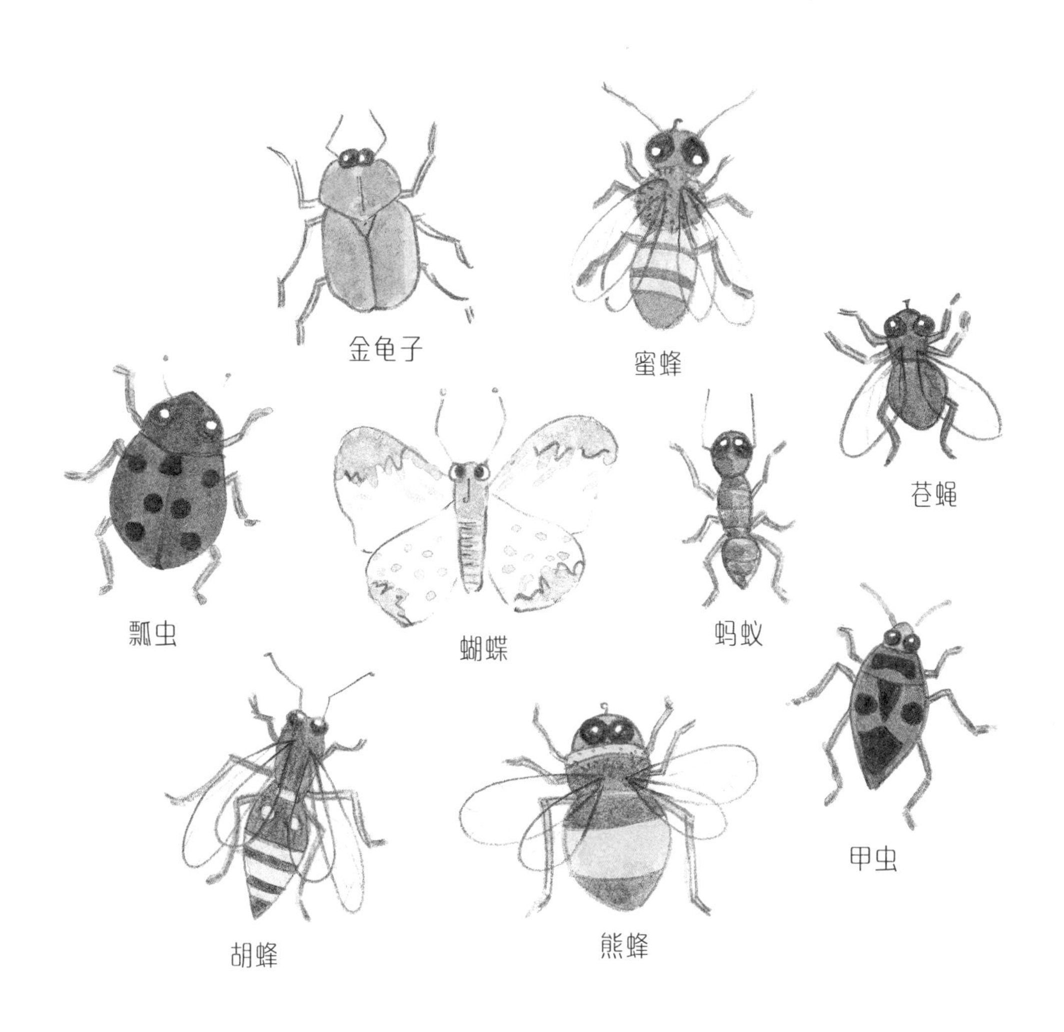

巴奇尔睁大眼睛感叹道：

“植物真的好聪明呀！”

卡洛特奶奶补充说：“花儿之所以五颜六色的，

还这么香味扑鼻，就是为了吸引更多的昆虫来传粉。”

这是最奇妙的地方！

巴奇尔问道：

“可是花儿怎么知道蜜蜂会不会把花粉带给合适的花儿呢？”

卡洛特奶奶回答道：

“花儿有自己的方法，有时候也要看运气！”

卡洛特奶奶总是说些只有她自己才明白的话。

“运气？什么意思呀，奶奶？”巴奇尔问道。

“就是偶然的意思，因为蜜蜂想飞去哪里就去哪里！”

卡洛特奶奶回答道。

“那如果蜜蜂没有把花粉带到合适的花朵上呢？”

巴奇尔担心极了。

卡洛特奶奶说：“那些花儿就要靠自己的花粉来制造种子了。不过这样产生的宝宝抵抗力会很差的。但有一些花儿用自己的花粉，比如豌豆，它们的宝宝不受影响。”

巴奇尔跑回自己的房间，

再回到花园里时，怀里抱满了东西。

卡洛特奶奶见状连忙问他：“你在做什么，孩子？”

巴奇尔边挥舞着双手边兴奋地回答：

“我要用这些粉笔末儿来给我的朋友朱丽叶发送爱的礼物，

这样我的爱就是彩虹色的了！”

卡洛特奶奶的

解释

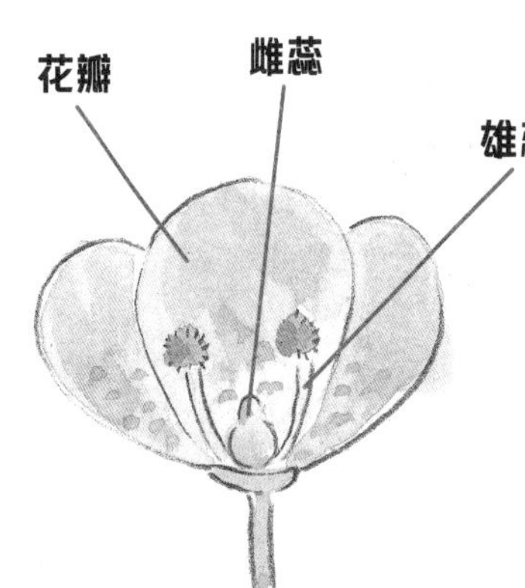

什么是花粉?

花粉是含有生殖细胞的微小孢子，存在于种子植物的雄蕊花粉囊内。花粉需要到达雌蕊的柱头或胚珠上才能够孕育出种子。花粉从雄蕊花药传到雌蕊柱头或胚珠上的过程，叫作“授粉”。

植物=花?

当然不是! 花是被子植物特有的生殖器官。但在日常生活中，能开花的植物通常都被称为花。

昆虫等携带花粉并非它们的本意，事实上，是植物决定的这一切。

首先，花儿通过芳香的花蜜吸引昆虫，昆虫在吸食甜美花蜜的时候，会使得身上沾有一部分花粉。然后，当昆虫到另一朵花上时，就会在不经意间将这些花粉的一部分掉在雌蕊顶端接受花粉的柱头上。所以对花儿来说，昆虫身上沾的花粉越多越好!

而参与授粉的昆虫越多，花粉到达合适花朵的可能性就越大。

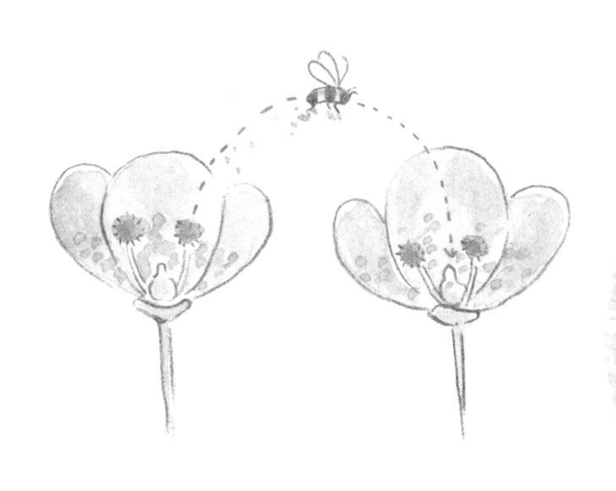

主要授粉昆虫：

蝴蝶、蜜蜂、胡蜂、熊蜂、蚂蚁、苍蝇、甲虫和瓢虫等。

沾满花粉的蜜蜂